彩绘版　史上超有趣的十万个为

怪脾气的大自然

当代世界出版社

图书在版编目（CIP）数据

史上超有趣的十万个为什么. 怪脾气的大自然 / 杜刚编著. -- 北京：当代世界出版社，2014.1
ISBN 978-7-5090-0804-1

Ⅰ.①史… Ⅱ.①杜… Ⅲ.①科学知识—儿童读物②自然科学—儿童读物 Ⅳ.①Z228.1②N49

中国版本图书馆CIP数据核字（2013）第204150号

书　　名：	史上超有趣的十万个为什么——怪脾气的大自然
出版发行：	当代世界出版社
地　　址：	北京市复兴路4号（100860）
网　　址：	http://www.worldpress.org.cn
编务电话：	（010）83907332
发行电话：	（010）83908409　（010）83908455　（010）83908377
	（010）83908423（邮购）　（010）83908410（传真）
经　　销：	新华书店
印　　刷：	三河汇鑫印务有限公司
开　　本：	710×1000mm　1/16
印　　张：	8
字　　数：	40千字
版　　次：	2014年1月第1版
印　　次：	2014年1月第1次印刷
书　　号：	ISBN 978-7-5090-0804-1
定　　价：	25.80元

如发现印装质量问题，请与印刷厂联系。
版权所有，翻版必究；未经许可，不得转载！

前言

怪脾气的大自然

　　大自然就是一个充满玄幻色彩的大乐园。它就在我们的身边，但是小朋友可不一定真正了解它。如为什么会有春夏秋冬，海边为什么会刮两种风，为什么会下雨……很多现象我们都见过，但是我们不一定能说出来为什么会发生这种自然状况。假如你想知道这些问题的答案，那就让我们一起去解密大自然吧！

目录

1. 为什么土壤会有各种颜色？
2. 为什么黑色的土壤最肥沃？
3. 土壤分为哪几层？
4. 峡谷是怎样形成的？
5. 世界上最大的**峡谷**在哪里？
6. 什么是山脉和山系？
7. 赤道上会有雪山吗？
8. **喜马拉雅山脉**是如何形成的？
9. 世界上最长的山脉是哪一条？
10. 为什么黄山会形成"**四绝**"？
11. 盆地都有哪些类型？
12. 沙漠是怎样形成的？
13. 为什么**沙漠**地区昼夜温差大？
14. 什么是草原？
15. 世界上天然草原保留最大的地方在哪里？
16. 为什么说森林是"地球之肺"？
17. 沼泽是怎样形成的？
18. **沼泽**为什么很危险？
19. 湖泊是怎样形成的？
20. 为什么湖水有咸有淡？
21. 什么是火口湖？
22. 青海湖鸟岛为什么鸟多？

23　世界上有没有天然沥青湖?
24　什么是**雅丹地貌**?
25　什么是**喀斯特地貌**?
26　钟乳石是怎样形成的?
27　云南石林是怎样形成的?
28　岛屿会消失吗?
29　**海水**为什么是咸的?
30　海水为什么是蓝色的?
31　**黑海**是黑色的吗?
32　"海火"是传说中的"**鬼火**"吗?
33　潮汐是怎样形成的?
34　"**海市蜃楼**"是怎么回事?
35　我国最大的瀑布是哪一个?
36　天然**喷泉**是如何形成的?
37　"**冰山**"是山吗?
38　为什么会有"冰山一角"的说法?
39　为什么矿石会有不同的颜色?
40　地壳中有哪些金属矿物?
41　铁矿是怎样形成的?
42　为什么海滨会形成砂矿?
43　**琥珀**是怎样形成的?
44　**化石**是怎样形成的?
45　为什么大理石有漂亮的花纹?
46　煤是怎样形成的?
47　石油是怎样形成的?

48 石油的用途有哪些？

49 什么是煤气？

50 天然气是怎样形成的？

51 为什么天然气不好开采？

52 海水中有哪些燃料？

53 为什么风可以发电？

54 为什么水可以发电？

55 什么是太阳能？

56 什么是核能？

57 海浪也可以用来发电吗？

58 什么是生物圈？

59 什么是食物链？

60 大气层是怎样形成的？

61 大气层中最冷和最热的是哪部分？

62 什么是臭氧层？

63 "臭氧空洞"是怎样形成的？

64 太阳风暴是什么？

65 极光是怎样形成的？

66 极光出现在什么地方？

67 为什么天上的星星总是一闪一闪的？

68 为什么大城市很少能看到"繁星闪烁"现象？

69 什么是赤潮？

70 沙尘暴是怎么回事？

71 树木如何保护环境？

72 地球上的水资源为什么越来越少？

- 73 河里的水草都有哪些功能？
- 74 沙漠气候的特点有哪些？
- 75 为什么**两极**十分寒冷？
- 76 **最冷的地方**是南极还是北极？
- 77 为什么树木会在春天发芽？
- 78 为什么北方的春天特别短？
- 79 为什么中秋的时候**月亮**会格外亮？
- 80 为什么**井水**冬暖夏凉？
- 81 为什么说"一场春雨一场暖，一场秋雨一场寒"？
- 82 为什么西北风那么**冷**？
- 83 **寒潮**是从哪儿来的？
- 84 为什么寒潮到来之前，总要热上一两天？
- 85 冷空气到了海上为什么会减弱？
- 86 **风**是怎样出现的？
- 87 为什么白天风大？
- 88 海滨地带为什么白天吹海风，夜间吹陆风？
- 89 山区的山谷风是怎样形成的？
- 90 **龙卷风**有什么特点？
- 91 为什么美国龙卷风最多？
- 92 台风的危害有哪些？
- 93 全球**台风**危害之最你了解吗？
- 94 云是从哪里来的？
- 95 为什么天空中的云不会掉下来？
- 96 为什么有时看不到云彩？

97　为什么云有不同形状？

98　为什么会出现火烧云？

99　为什么看云能识天气？

100　雾是怎样形成的？

101　雾都伦敦为什么会出现"烟雾事件"？

102　彩色的雪是怎么回事？

103　为什么会有闪电？

104　为什么会打雷？

105　为什么先看到闪电后听到雷声？

106　什么是雷阵雨？

107　夜雨是怎样形成的？

108　为什么说"春雨贵如油"？

109　什么是于雨？

110　为什么雨滴总是斜着落下来？

111　为什么雨滴有大有小？

112　为什么炎热的夏天会下冰雹？

113　为什么天空会出现彩虹？

114　为什么彩虹有7种颜色？

115　有没有环形彩虹？

116　为什么北方夏天可以看到彩虹，冬天却看不到？

117　为什么人们能根据彩虹出现的方向预测未来天气？

118　地震是怎样发生的？

119　为什么会发生火山喷发？

120　火山爆发为什么会导致气候异常？

为什么土壤会有各种颜色？

自从看了五色土，小丽就吵着要知道为什么。哥哥告诉她："地方不同，土壤的颜色存在差别。高温多雨的热带和亚热带多红土；有些地方的土壤中有机质含量高，会变成黑色；我国北方的土壤有大量钙质基层，是栗色或棕色的；青色和白色土是由一种矿物风化形成的。"

为什么 黑色的土壤最肥沃？

小丽在书上得知黑土是最肥沃的土壤，但是她想知道原因。哥哥告诉小丽说："因为黑色土壤含有大量腐殖质，腐殖质中有丰富的有机化合物。有机物多，养料就多，所以黑土才会如此肥沃。"

土壤分为哪几层？

小丽的哥哥还很有耐心地给她讲解了土壤的分层："土壤呢，从上到下可以分为三层。最上面的土壤有大量的矿物质和营养，是表层，也叫作腐殖土，是最有用的一层了；中间的一层叫淋溶层；下面是沉淀层。土壤的下面就是岩石层了。"

峡谷是怎样形成的？

王勇酷爱旅游，面对神奇的峡谷，他的思维开始不停地运转，峡谷是怎样形成的呢？原来地壳是会运动的，地壳运动使部分地表上升。而河流能带走沙石、土壤，形成沟壑。沟壑越来越深，峡谷就出现了。

怪脾气的大自然

世界上最大的峡谷在哪里?

小朋友们,你们知道世界上最大的峡谷在哪里吗?世界上最大的峡谷就在中国,它就是中国的雅鲁藏布大峡谷。这个峡谷全长504.6千米,最深处达6009米,平均深度在2268米。

什么是山脉和山系？

地理课上，老师教同学们分辨山脉和山系：山脉是由地面挤压拱出来的，大陆碰撞使其高耸，并且沿着一定方向伸展，形成脉状，所以叫作山脉；然而山系，是由多个相邻的山脉组成的。

怪脾气的大自然

❓ 赤道上会有雪山吗？

小朋友们一定不知道，在炎热的赤道地区还有一座雪山，这就是有"非洲屋脊"之称的乞力马扎罗山，它距离赤道300多公里。从远处望去，白雪皑皑的山顶似乎在空中盘旋。所以乞力马扎罗山又有"赤道雪峰"之称。

彩绘版 十万个为什么

喜马拉雅山脉是如何形成的？

小乐是个登山爱好者，他最大的愿望就是可以登上喜马拉雅山脉的顶峰，那么喜马拉雅山脉是怎么形成的呢？在两千万年前，由于印度板块和亚欧板块两块大陆相撞、挤压，褶皱隆起，便出现了现在高大的喜马拉雅山脉。而且一直到现在，它从未停止过成长。

世界上最长的山脉是哪一条?

小青趴在床上一页一页地翻着地图册。"哇!这条山脉好长哦。"她看到的就是世界上最长的山脉——安第斯山脉。它一直从北美延伸到南美,全长达到8900千米,雄伟壮丽,巍峨壮观,简直让人叹为观止。

为什么黄山会形成"四绝"？

十一期间，妈妈带沫沫到黄山游玩。沫沫对黄山"四绝"好奇极了，耐心地听导游讲解：奇松是由于树木争取生存空间而形成的奇特形状；怪石是经过了千百年的风雨磨砺形成的奇观；气候潮湿，有雾产生云海怪状；水的温度常年维持在42℃左右，成为温泉。

盆地都有哪些类型？

地理老师帮助小乐复习，随口问了小乐一道题："盆地的类型有哪些？"小乐想了一下，说道："盆地的形状就像是一个大盆，主要有两种。一种是地壳运动产生的，叫作构造盆地；还有一种是在冰川、流水、风等因素的作用下形成的盆地，称为侵蚀盆地。"老师微笑地点了点头。

沙漠是怎样形成的？

小刚目不转睛地盯着电视机，看到无际的大漠，好奇心又蹦了出来：沙漠是怎么形成的呢？原来在干旱少雨的地方，风吹跑地面的泥沙。在风力减弱或遇到障碍时，风就会放下其携带的泥沙。这些泥沙在地面堆积，形成沙丘。天长日久，就变成无边的沙漠。

怪脾气的大自然

？为什么

沙漠地区昼夜温差大？

小明跑去问正在做饭的妈妈:"为什么沙漠里白天和黑夜温度差那么多啊？""因为啊，那里的沙子很多，而沙子可以吸收很多热量，所以在白天沙漠就很热。但是到了晚上，沙子又很快将吸收的热量释放出来，温度就会骤降。"

什么是草原?

"风吹草低见牛羊。""妈妈,草原是什么?""宝贝儿,草原是一种土地类型,它是指在干旱环境下形成的以草本植物为主的植被。其功能很多,类型也很多,比如热带草原、温带草原等。它可是世界上分布最为广泛的土地类型。草原植被大多以草为主,非常适合畜牧业的发展。大批的牛羊在草原上跑来跑去,风一吹,小草随风摇动,成群的牛羊就像开在绿草地上的花朵,多么美丽啊!"

怪脾气的大自然

世界上天然草原保留最大的地方在哪里？

呼伦贝尔草原是世界上最著名的三大草原之一，这里面积广阔，风光旖旎，水草丰美。3000多条纵横交错的河流以及500多个美丽的湖泊，共同编织了一幅丰富多彩的画卷。这片美丽的草原也是世界上天然草原保留面积最大的地方。

为什么说森林是"地球之肺"？

小朋友们一定不知道森林还有一个称号叫"地球之肺"吧。为什么要把森林叫"地球之肺"呢？因为树木可以把我们呼出的一种叫二氧化碳的气体转化为我们需要的氧气并释放出来，让我们可以获得新鲜的氧气。这种功能与我们身体中肺的功能相似，所以就把森林称为"地球之肺"了。

沼泽是怎样形成的？

小明看《探索自然》栏目，看到有人陷入沼泽，心里不禁为他捏了一把汗，同时也十分好奇沼泽是怎么形成的。爸爸告诉他，在气候湿润的地区，植物不断生长、死亡、分解，形成泥潭，慢慢地就成为沼泽。沼泽表面看起来平和，实际上则是危险重重。

彩绘版 十万个为什么

❓ 沼泽为什么很危险？

　　小朋友们在看电视的时候经常会看到有人掉到沼泽里出不来了。为什么会这样呢？原来沼泽里有很多含水量非常大（大于30％）的细颗粒土质，因为非常松软，含水量又大，所以会让人窒息。挣扎就像井钻，会很快陷下去，最后被淹死。所以小朋友们要远离沼泽哟！

怪脾气的大自然

湖泊是怎样形成的？

湖泊大都是由雨水、河流等汇集在陆地比较宽阔的低洼处逐渐形成的。除此之外，湖泊还可以通过其他方式形成，如泥沙将部分海洋隔离成湖泊，或者火山喷出的熔岩和碎石堵塞河道形成湖泊。

为什么湖水有咸有淡？

所有的湖水最开始都是咸的。湖水之所以有咸有淡，是由湖泊自身决定的。有出口的湖，湖水就会流通，里面的盐分自然也会流走，所以它们就是淡水湖了。而没有出口的湖，盐分流不走，就会形成咸水湖了。

什么是火口湖？

有许多山顶上都有一个明镜般的小湖泊，琪琪觉得很奇怪，那明明是个火山啊，怎么会有湖呢？火山口上的湖泊叫作火口湖，火山停止喷发后，顶部形成一个底平外圆、封闭凹陷形态的火山口，仿佛一口巨大的锅。日积月累，火山口内会积满雨水，形成火口湖。

青海湖鸟岛为什么鸟多？

小芳一家人来到青海湖旅游观鸟，可是她不明白为什么小鸟都喜欢这里？妈妈告诉她："因为夏天很热，小鸟和我们一样也需要避暑啊！这里的气候条件适合鸟类养育小鸟，食物充足，又没有大型的食肉动物威胁小鸟的生存，所以它们就来了啊。"

怪脾气的大自然

世界上有没有天然沥青湖？

我们知道柏油马路最上面铺的那层黑色的东西就是沥青，可是小朋友们，你们知道吗？世界上竟然存在装满沥青的湖泊。世界上最大的天然沥青湖在加勒比海的东南端，虽不断地开采，但沥青却不见减少，非常神奇。

什么是雅丹地貌？

热爱探险的小朋友可曾去过荒凉的戈壁？那里有很多拔地而起的土堆，形状各异，但顶部却很平整，从高处俯视，好像所有土堆都是等高的，十分整齐，这就是雅丹地貌。

怪脾气的大自然

? 什么是喀斯特地貌？

小美和爸爸到桂林游玩，观赏了当地的溶洞，爸爸告诉她这是喀斯特地貌。这些岩石的主要成分是碳酸钙，遇到水和空气中的二氧化碳会发生化学反应。随着时间的推移，慢慢形成了美丽神奇的喀斯特地貌。

钟乳石是怎样形成的？

萌萌在国庆期间去京东大峡谷旅游，看到了奇形怪状的钟乳石还有石笋，高兴得又蹦又跳。那么小朋友们知道钟乳石是怎样形成的吗？山洞所在的山体主要是由石灰岩构成的，石灰岩中的主要成分可以与水和二氧化碳产生化学反应，生出的物质经过漫长岁月的累积就形成了钟乳石和石笋。

云南石林是怎样形成的？

云南石林的石头为什么这样奇怪呢？其实这些石头的主要成分是石灰岩，它很容易与水和二氧化碳反应，使原有裂缝更深。经过亿万年的风化和流水的侵蚀，地面上就出现了形态各异的石柱群。高低不平，错落有致，简直让人叹为观止。

石林

彩绘版 十万个为什么

岛屿会消失吗?

岛屿都是些临时的小窝。它是因为海洋下面的版块活动凸出来的。可一旦版块再次活动,这些孤零零的小岛,就有可能变得更大,也有可能倒塌,被重新淹没在海洋里。

海水为什么是咸的?

乐乐一直有这样的疑问：为什么海水是咸的呢？老师告诉乐乐，这是因为地球上的水在不停地循环运动。海水不断蒸发，一部分水蒸气成为降雨降到地面，冲刷土壤，破坏岩石，把陆上的可溶性物质带到江河之中，最终汇入大海。这样，海洋便成了可溶性盐类的收容所，海水也就变得越来越咸。

海水为什么是蓝色的？

为什么海水在大海中是蓝色的，可是用瓶子装出来却变得透明了。难道杯子使蓝色的海水变化了？原来海水的蓝色并不是它自身的颜色，而是太阳光对它的折射。当水从海中取出，它的体积不能达到使阳光折射和散射的程度，因此，装在瓶子中的海水就是无色的了。

黑海是黑色的吗？

在中亚地区有个和地中海相连的海域叫作黑海，其实黑海真的是黑色的呢。在阳光的照射下，黑海闪烁着晶莹的亮光，好似一颗黑宝石镶嵌在大地上。这里经常受到雨的光顾，乌云遮天蔽日，海天浑然一色。假如你站在海边，看到浑黑的一片，一定以为是世界末日降临了。

彩绘版 十万个为什么

"海火"是传说中的"鬼火"吗？

在没有月光的海面上，海面像是失火一样。这是传说中的"鬼火"，还是海洋在燃烧？哈哈，不要吓自己了，那不过是海里能够发光的微生物的聚会罢了，它们聚集在一起就给人营造出一种海水在燃烧的假相。

潮汐是怎样形成的？

在古代，海水的涨落发生在白天叫潮，发生在夜间叫汐。

潮汐是一种很规律的海面升降变化。海水位涨到最高时称高潮或满期；海水位退到最低时，则称低潮或浅潮。它主要是由太阳和月亮对地球的引力造成的。世界上最著名的大潮发生在我国的钱塘江和南美的亚马孙河口。

"海市蜃楼"是怎么回事？

传说那些漂亮的仙女就住在"海市蜃楼"中，这是真的吗？其实"海市蜃楼"是在光的折射和反射作用下，可以让我们看到地平线以下或者远处的物体。所以，小朋友们，那只不过是光传播的一种特殊现象，"海市蜃楼"是真实物体的一个影像，仙女是不存在的哟！

我国最大的瀑布是哪一个？

小朋友们知道我国最大的瀑布是哪一个吗？我国最大的瀑布是黄果树瀑布。它落差74米，宽81米，河水从断崖顶端凌空飞流而下，气势磅礴。数道宽阔巨大的水帘拍石击水，发出震天巨响，腾起一片水雾。

天然喷泉是如何形成的？

我们都喜欢看漂亮的喷泉，很多公园和广场中都有人工喷泉，可是小朋友们知道天然喷泉是怎么形成的吗？在遥远的地下，泉水经受着巨大的压力。它们不堪重负要往上冲，在向上的过程中和地面的泉水混合在一起，这种压力，使泉水冲向天空，形成了喷泉。

"冰山"是山吗？

冰山并不是真正的山，它是由很多很多的大冰块组成的。因为冰山所在的地方温度特别低，所以能形成很多很大的冰块，我们远远看去，就像一座山一样，人们叫它"冰山"。

彩绘版 十万个为什么

为什么会有"冰山一角"的说法？

还记得《泰坦尼克号》的电影吗？造成灾难的原因是船撞到了一座巨大的冰山上。冰山有百分之九十的部分都淹没在水下，只有百分之十露在外面，我们看见的露在海面上的只是冰山一角。冰山虽然巨大，但是它也很脆弱，它不过是巨大的漂浮冰块，会随时间消失在温暖海域的海水中。

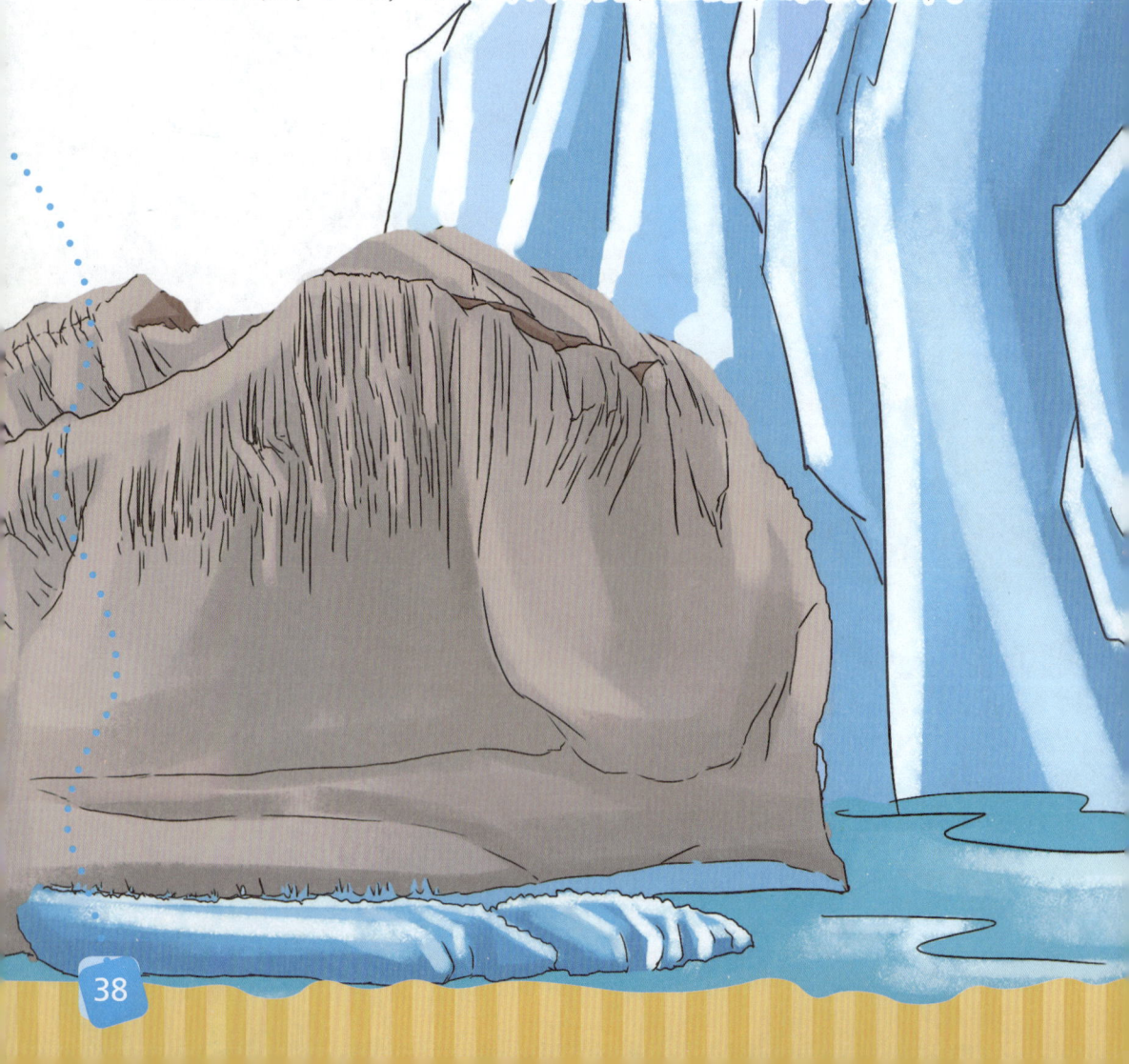

为什么矿石会有不同的颜色？

小朋友们经常可以看到各种颜色的矿石。其实矿石呈现不同的颜色，与矿石本身的结构与成分的不同有关。一些矿石因为受到别的颜色杂质的影响就会呈现出与自己颜色不同的颜色，比如红宝石显红色，是因为它含有一种叫作铬的金属物质。另外，还有一些矿石颜色是光线造成的。

地壳中有哪些金属矿物？

萌萌问妈妈金子是从那里来的，妈妈说很多金属都是从地壳里的矿石中提炼出来的。地壳里金属的种类繁多，如铜、铁等。其中金、银、铂等金属在地壳中储量很少，被称为贵金属，价格昂贵。

铁矿是怎样形成的？

铁在我们生活当中被广泛运用，但同学们知道铁矿是怎么形成的吗？地球上有很多含铁的岩石，这些岩石被风化、分解之后变成了氧化铁。氧化铁慢慢沉积，经过漫长的化学变化，最终形成了铁矿。

为什么 海滨会形成砂矿?

很多沿海地带都会有砂矿,那么砂矿是怎么形成的呢?岩石中含有很多矿物质,在大自然长期的日晒雨淋之下,这些岩石不断风化,变成了碎块,最后成了粗细不同的碎屑。一些矿物颗粒经过雨水、河流的冲刷,就被搬到了海滨。矿物颗粒进入海洋,在波浪、海流等作用下,进行了分选。在搬运的过程中,矿物按颗粒按照大小不同的顺序分别沉积在不同的地方,这样比重接近的矿物就聚积在一起,从而形成了砂矿。

琥珀是怎样形成的?

在远古时期,茂密的森林里有许许多多的小昆虫。一棵树木的树枝被折断了,流下了晶莹的"眼泪"。一只小虫恰好被包在其中,不断滴落的"泪珠"把小虫牢牢地裹在里面。沧海桑田的变迁使树脂和林木一同被掩埋在地下。随着时间的流逝,滴下的树脂变成我们所见到的琥珀。

化石是怎样形成的？

小萌在博物馆里，看到了各种各样的化石，可是这些化石和普通的石头有什么区别啊？其实化石是由远古时期动植物的遗体或生物生活时留下的痕迹，经过几千万年的沉积、高压、高温等作用形成的。而石头则是由矿物组成的。

为什么大理石有漂亮的花纹？

美美在奶奶家的大理石花架上发现了很多漂亮的花纹。这些花纹并不是后来添加进去的，而是大理石天然形成的。原因是大理石的各种颜色层是由不同的物质构成的，它们挤压在一起就产生了漂亮的花纹，就像我们吃的彩虹蛋糕，一层一层的。

煤是怎样形成的？

小乐的家里都是用煤取暖做饭的，可是煤是怎样形成的？几千万年前，地球上生长着大片森林，后来地面下沉，森林被压在地下。由于缺氧、高温、高压，经过一系列化学变化，变成黑色可燃岩石，也就是我们所见到的煤了。

石油是怎样形成的？

石油是由数百万年前的史前海洋生物遗骸形成的。在久远的时光里，海洋生物死亡后被埋藏在大海深处，那里有着巨大的压力和可以分解海洋动物尸体的细菌。经过千千万万年的变化，海洋生物的遗骸就变成了浓稠的石油。

石油的用途有哪些？

明明用手撑在桌子上冥思苦想，眉头都皱成了一团。好朋友亮亮走了过来："明明，在想什么？纠结成这样。"明明问亮亮："你知道石油是做什么用的吗？"亮亮笑着回答道："石油，本身是一种黏稠的、深褐色的液体。它的成分主要包括烷烃、环烷烃、芳香烃等。石油最主要的用途就是作为燃料，当然经过提取，也可以成为溶液、化肥、杀虫剂等制品的原料。"

什么是煤气？

煤气是由多种可燃成分组成的一种气体燃料，一般可以分为天然煤气和人工煤气。天然煤气是通过钻井从地层中开采出来的，人工煤气是以煤为原料加工制得的。因为煤气使用不当，会引起中毒，所以现在家里做饭，基本上不再使用煤气，开始使用天然气了。

彩绘版 十万个为什么

天然气是怎样形成的？

天然气是燃料的一种，有石油的地方就会有天然气，他们两个是如影随形的。在很久以前，大量海洋生物死亡后遗体一层层掩埋起来，在缺氧的环境中，进行了高压分解，形成了石油和天然气。由于气体较轻，便向上汇聚到一起，形成了天然气。

为什么天然气不好开采？

我们都知道天然气与石油是一对难舍难分的"兄弟"，但是与石油相比，天然气要难开采得多。因为石油性质比较稳定，而自然状态下的天然气很容易混有杂质，不易分离，就像我们的空气中含有各种成分的气体。所以，虽然现在科技发达，但是天然气采集起来还是存在一定难度。

海水中有哪些燃料？

"小乐，不要总是看电视，能学到什么啊？"妈妈说。小乐洋洋得意地说："我在电视里看到海洋里有石油、天然气等重要的能源；还有铀和重水，铀裂变产生巨大的热能，重水含有重氢，无色无味，并具有可燃性。总之，广阔的海洋蕴藏着无限的燃料资源。"

为什么风也可以发电？

小丽来回按动着电灯的开关，看着忽明忽暗的房间想："为什么山坡上的大风车能产生电能呢？"原来风能是可再生、无污染的一种很强大的能源，风吹得风叶旋转，风叶就会带动发电机产生电能。

为什么水可以发电？

水也可以发电吗？小丽在思考问题。小勇拍拍小丽的脑袋，告诉她，其实水是可以发电的，水电站就是利用水能发电。水电站中有一个巨大的水坝，水坝里面蓄了大量的水。在水坝下面有一个水轮机，高处流下来的水冲击在水轮机上，再由水轮机带动发电机，这样就有电啰。

什么是太阳能？

小勇不懂自己家的热水器和太阳能有什么关系。妈妈说："太阳能是太阳的能量被我们再利用。太阳光到达地球后，变成很多种能量，其中风能、水能、化学能等都是太阳赐予的，我们的洗澡水之所以是热的，就是太阳能的功劳。"

什么是核能？

"核武器是什么啊？为什么那么恐怖？"小明问爸爸。爸爸说："核武器就是威力很大的武器，与我们的生活距离较远，不如谈一下和我们的生活更加贴近的核能吧。核能是原子核里的顺序队列发生变化时，释放的巨大能量，也叫作'原子能'。"

怪脾气的大自然

❓ 海浪也可以用来发电吗？

小勇滔滔不绝地向小丽炫耀着自己的知识。"大海也能发电你知道吗？因为海浪不管有没有风都在翻滚，它们能产生巨大的能量哦。海浪冲击会引起剧烈的气流，产生的能量就可以用来发电。"

什么是生物圈？

小新问爸爸："我是生物吗？我们生活的地方是不是就是生物圈啊？""对啊，生物圈就是地球上生物生存的地方，植物是其中的生产者，动物是消费者，微生物是分解者，这三类生物在其所在的环境中稳定循环，就形成了生物圈。"

怪脾气的大自然

什么是食物链？

小丽向小伙伴们炫耀她新学习的知识："你们知道什么叫食物链吗？还是让我来告诉你们吧！如青蛙吃水草，蛇吃青蛙，鹰吃蛇，这就是一条食物链。在一个生态系统中，会有很多条彼此交错连接的食物链。"

大气层是怎样形成的？

在很久很久以前，大气层里的气体是在地球里面的。那时的地球，火山运动频繁，火山爆发把这些气体释放出来。而被释放出来的气体又被地心引力拉着逃不走，因此就变成了围绕着地球的大气层。

怪脾气的大自然

大气层中最冷和最热的是哪部分？

大气层中最冷的一层是中间层。因为中间层不能吸收阳光，所以没有热量存储的中间层就特别的冷，气温会在-130℃左右。而暖层是最热的大气层，因为它能吸收阳光，温度可以达到2000℃。

什么是臭氧层？

臭氧层是我们人类的保护伞，它在我们头顶很远的地方，距离我们有20～50千米。小朋友们知道吗？太阳光会对人类的生命构成威胁，地球上的臭氧为我们遮挡了很大一部分紫外线的照射，我们才能在地球上快乐地生活。

怪脾气的大自然

"臭氧空洞"是怎样形成的？

小朋友们常在电视上听到"臭氧空洞"，那么臭氧空洞是怎么形成的呢？经过科学家伯伯的研究发现，人类活动排到大气中的一些物质，如早期冰箱中含有的氟利昂，是臭氧"杀手"。另外，寒冷也是臭氧层变薄的重要因素。大气平流层中的臭氧浓度大量减少的空域就形成了"臭氧空洞"。

太阳风暴是什么？

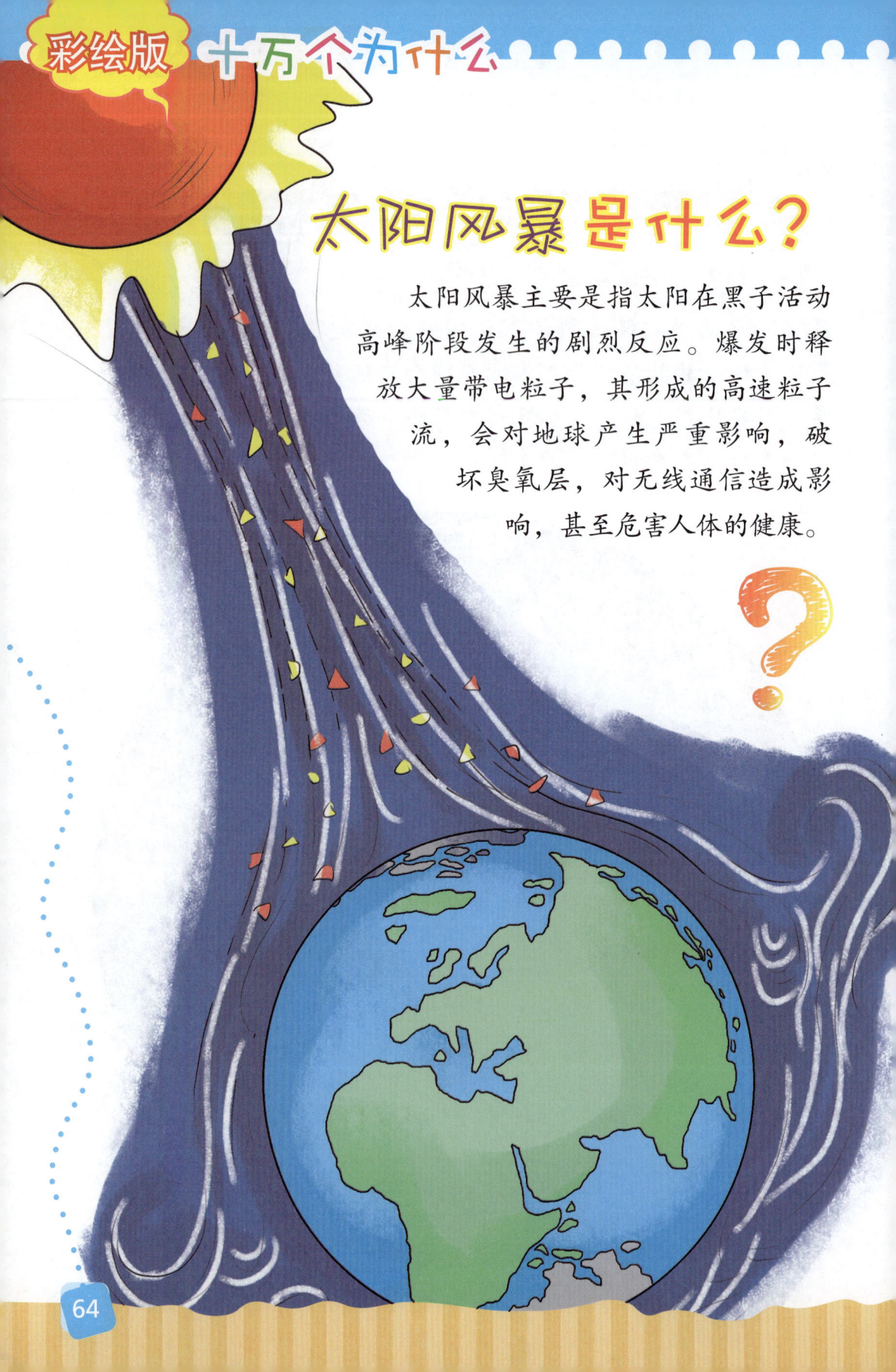

太阳风暴主要是指太阳在黑子活动高峰阶段发生的剧烈反应。爆发时释放大量带电粒子，其形成的高速粒子流，会对地球产生严重影响，破坏臭氧层，对无线通信造成影响，甚至危害人体的健康。

极光是怎样形成的？

极光的形态和色彩都十分美丽，它们又是如何形成的呢？太阳释放出一些小的粒子向四面八方飞去。一些小粒子进入地球后受地球磁场影响，飞到南北极附近，和空气相摩擦发光就形成了我们看到的美丽的极光。

极光出现在什么地方？

北欧神话中传说有极光的地方是神仙居住的地方，但极光却不只存在于北欧。千变万化、色彩斑斓的极光不过是太阳对地球产生影响后的表现，并不是什么神迹，它们大多出现在南北两极上空。

怪脾气的大自然

为什么 天上的星星总是一闪一闪的?

地球大气温度的不断变化，导致大气层上层冷空气下沉，也会使下层暖空气上升。冷空气的密度大，暖空气的密度小，这样就形成了风。这厚厚的一层温度和密度时刻改变的空气层会使经过它的光线发生多次折射，这样星星发射的光传到眼睛中就会忽明忽暗，这就是星星闪烁的缘由。

为什么大城市很少能看到"繁星闪烁"现象？

生活在大城市里的小朋友很少可以看到满天繁星吧！这主要是因为大城市里灯火通明，这些城市的灯光照射天空，让天空的背景很亮，从而导致一些比较暗的星星很难被看见，还有一点就是城市会有浮尘污染，这些浮尘飘在空中，挡住了许多星光。所以住在大城市的小朋友就很少能够看到满天繁星了。

怪脾气的大自然

什么是赤潮？

赤潮是在特定的环境条件下，海水中某些浮游植物、原生动物或细菌爆发性增殖或高度聚集，而引起海水变色的一种有害生态现象。赤潮并不一定都是红色的，根据引发赤潮的生物种类和数量的不同，海水有时也呈现黄、绿、褐色等不同颜色。

沙尘暴是怎么回事？

沙尘暴是一种很可怕的天气，大量的流沙被狂风吹到很远的地方，漫天沙尘。人类对环境的破坏是沙尘暴产生的重要原因。因此保护植被，防止土壤沙化，才能减少沙尘暴的发生。

怪脾气的大自然

树木如何保护环境?

"爱护树木人人有责",小朋友要牢记这句话。因为树木对我们的环境有很大帮助。比如它们可以吸走空气里的灰尘,让我们呼吸到更干净的空气。而且它们每天还会吸收二氧化碳,释放许许多多的氧气,为人类提供了很大的帮助。

地球上的水资源为什么越来越少？

萌萌不解地问妈妈："为什么地球上的水资源越来越少呢？"妈妈笑着对萌萌说："地球上的人越来越多，每一天都要用水，再加上人类对水资源的浪费和污染，造成水资源急剧减少。若是人类无节制地破坏下去，在不久的将来，地球上的水资源可能会枯竭哦！"萌萌听后变得忧心忡忡。

怪脾气的大自然

❓ 河里的水草都有哪些功能？

水草是指在河水里生长的草本植物，是这个小生态系统中不可或缺的一部分。它是很多水生生物的栖身地和庇护所，同时也是很多动物的食物，比如蜗牛、水鸭等。水草还能增加水中的氧气。

沙漠气候的特点有哪些？

沙漠气候的特点主要表现为全年高温少雨。沙漠地区晴天多，日照时间长，多风沙天气。而且沙漠中昼夜温差大，若是一个人行走在沙漠中是不是很可怕呢？

怪脾气的大自然

为什么两极十分寒冷？

我们所住的地方之所以会暖和，全都是太阳公公的功劳。太阳公公把温暖的阳光给了我们，我们才会不挨冻。但是两极就惨了，它在我们地球的南北两端，太阳公公分给他们的阳光很少，所以两极才会特别寒冷。

彩绘版 十万个为什么

最冷的地方是南极还是北极？

　　南极和北极是地球上最冷的两个地方，但是南极还是要比北极冷的。南极是四面环海的冰原大陆，一年四季都有强烈的风暴；北极是被陆地包围的海洋，而且还有暖流流入。因此，南极要比北极冷。

怪脾气的大自然

？为什么树木会在春天发芽？

在秋末的时候，一天中日照时间不断缩短，此时植物进入休眠状态。当春天到来时，日照时间逐渐变长。处于休眠芽中的叶原基感受到强烈的刺激，使植物体内脱落酸浓度降低，生长调节剂含量增加，从而促进了蛋白质的合成，就发出了嫩绿的小芽。

北方的春天特别短？

在温带，大多数地区的春天都会持续三四个月。但是我国北方的气候比较干燥，日照时间逐渐变长，地面吸收的热量会迅速增多，在不到两个月的时间里就会达到夏天的温度。这样我国北方的春天就显得特别短。

怪脾气的大自然

为什么中秋的时候月亮会格外亮？

小朋友们有没有觉得中秋节晚上的月亮格外明亮呢？其实这不过是你自己的主观感觉罢了。月亮最亮的季节是冬天，但是由于冬天寒冷，所以大家都不出门赏月。而秋天不冷不热，秋高气爽，赏月就成为主要的观赏活动，怪不得人们总认为"月到中秋分外明"了。

为什么井水冬暖夏凉？

用过井水的人都有这样的感觉，井水"冬暖夏凉"，难道井水能够自我调节温度？当然不是。其实这只是人的一种错觉而已。如果用温度计测量，夏天和冬天的井水温度差不多，最多也只差三四摄氏度。人类会产生这种感觉主要是相对于地面温度而言。夏天的时候，地面温度比井水高得多，所以会感觉井水冰凉冰凉的；而冬天地面温度会低于井水温度，再接触井水就有了温热的感觉。

怪脾气的大自然

为什么说"一场春雨一场暖，一场秋雨一场寒"？

我国东部地区，雨雪受海洋影响很大。春天，风从海洋吹来，带来暖气流，下一次雨，就会将气温提高一个档次，所以有了"一场春雨一场暖"的说法；秋天，风从西北地区吹来，带来冷空气。每下一次雨，气温就会降低一个档次，所以就有了"一场秋雨一场寒"的说法。

为什么西北风那么冷？

我国的西北风通常都来自于俄罗斯的西伯利亚地区。这些地区白天接受的太阳光热比较少，而晚上向空中散发的热量，却比白天吸收的热量要多得多，因此，蕴藏着很多冷空气。而从这些地方吹来的西北风就非常寒冷。

? 寒潮是从哪儿来的？

西伯利亚地区和北极气候寒冷，影响我国的寒潮主要是从这些地方形成的。因为北极和西伯利亚一带的气温太低了，空气不断收缩下沉，气压增高，形成了冷高压气团。当这些气团增强到一定程度时，就会向我国袭来，这就是寒潮。

彩绘版 十万个为什么

？为什么

寒潮到来之前，总要热上一两天？

寒潮来到我们身边之前，我们的气温还是比较稳定的，最重要的是寒潮还会推着热空气向我们一步步走来。所以寒潮到来之前，我们反而会觉得很热。但是热空气过去，凶猛的寒潮就包围我们了，天气就会突然变得寒冷起来。

怪脾气的大自然

冷空气到了海上为什么会减弱？

冬天是不是很冷啊，这些都是周围的冷空气造成的。但是这些霸道的冷空气到了海上，就会遇见更霸道的热空气。热空气打败了冷空气，冷空气最后也只好变得和热空气一样温暖。

风是怎样出现的？

俗话说"热极生风"，这句话是不错的。阳光炙烤着大地，但由于地表的性质不一样，各地受热不均，就引起了空气温度差异。气温高的地方，气压就会降低；气温低的地方，气压就会升高。有了气压差，空气就会从高压区往低压区运动，这就形成了风。

怪脾气的大自然

？为什么 白天风大？

太阳公公是位本领高强的大师，它能改变许多的事情。比如它白天照射在大地各处的阳光，会让各地的温度都不一样，形成温差，大气因此剧烈的活动，我们才会感觉白天的风比晚上的大。

海滨地带为什么白天吹海风，夜间吹陆风？

住在海边的人可舒服了，他们白天吹海风，夜里吹陆风，其实这都要感谢太阳公公呢！白天，太阳公公照射着陆地和海洋。由于地面比海水的比热容小，在白天时温度升高快，因此陆地上就形成了低气压，而海水温度升高慢，就形成了高气压，气流从高压区流向低压区，所以人们吹的是海风。到了晚上，海水释放热量的速度快，形成低气压，地面形成高气压，所以人们吹的是陆风。

山区的山谷风是怎样形成的？

太阳公公喜欢将阳光照在山坡上，这就使山坡的温度升高，暖气流上升；而山谷的空气就会流向山坡去补充。形成的风就是从山谷吹向山坡。而到了晚上，山坡散热较快，气流下沉，而山谷相对散热慢，风会从山坡吹向山谷。山谷风就是这样形成的，小朋友，现在你知道了吗？

龙卷风有什么特点？

龙卷风一般只存在几分钟的时间，最长也不过几十分钟。但不要小看了它哦，它的风力可是很大呢，中心附近的风速可达200米/秒，破坏力极强。龙卷风经过的地方，经常会发生拔起大树、摧毁建筑物、掀翻车辆等现象，是不是很吓人呢？

怪脾气的大自然

❓ 为什么 美国龙卷风最多？

美国三面环海，西面是太平洋，东面是大西洋，南面是墨西哥湾。海风从各个方向肆无忌惮地吹进美国，所以美国经常出现龙卷风。

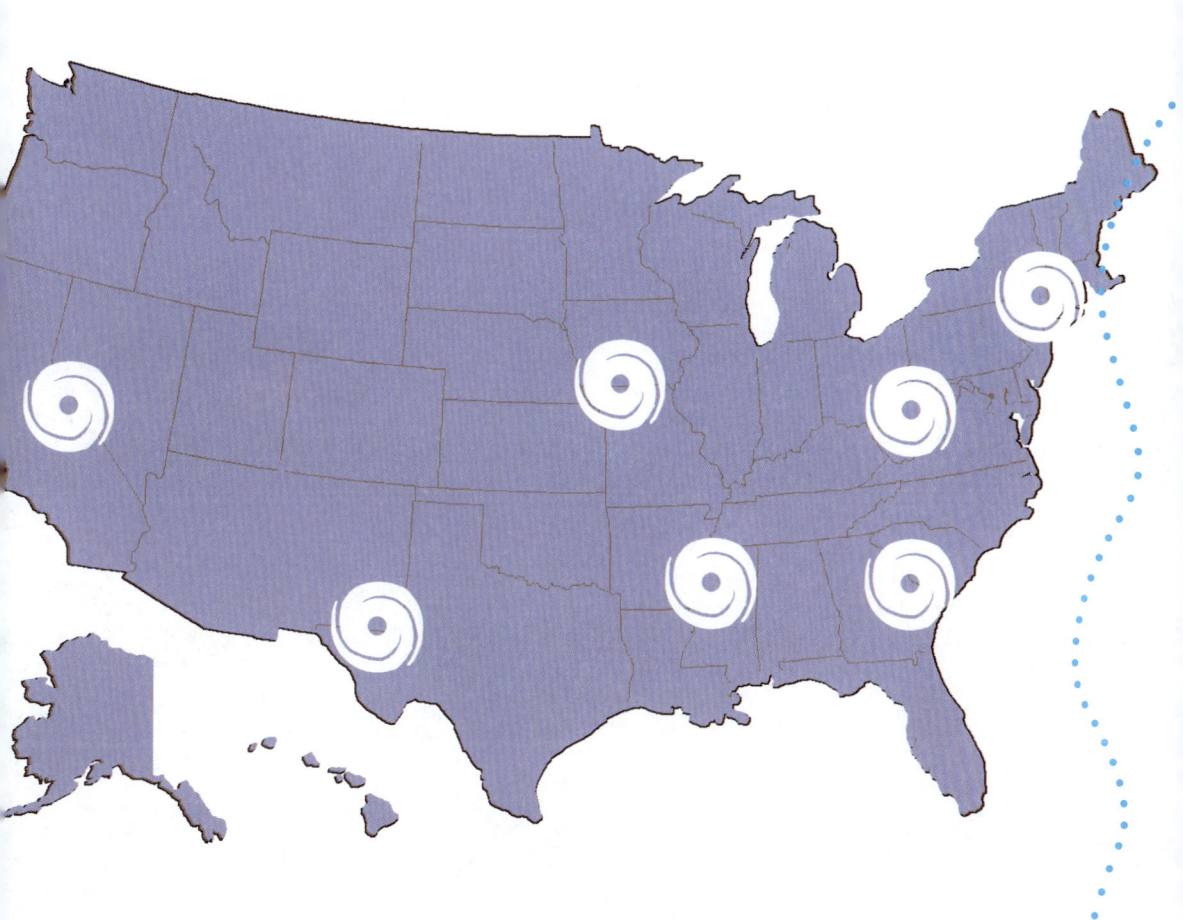

台风的危害有哪些？

一场台风会给广大地区带来充足的降水，成为与人类生活与生产密切相关的降雨系统。但是，台风也具有很大的破坏性，它具有突发性强、破坏力大的特点，是世界上最严重的自然灾害之一。

怪脾气的大自然

全球台风危害之最你了解吗？

全球危害最大的一次台风是热带气旋"丹尼斯"，它在12小时之内降雨1144毫米。造成死亡人数最多的台风是发生在1970年的"孟加拉"气旋，死亡人数超过30万。造成最严重破坏的热带气旋是1992年的飓风"安德鲁"，它迅速袭击了巴哈马群岛、美国的佛罗里达等地，为城市带来巨大损失。

彩绘版 十万个为什么

?云是从哪里来的?

小朋友都出过汗吧,你知道汗水最后都跑到哪去了吗?实际上它们都跑到天上去了。还有那些河水、土壤里的水,随着温度的升高,都会跑到天上去。天上的水增多了,最后变成了云彩。

怪脾气的大自然

为什么 天空中的云不会掉下来？

我们头顶上的云彩，都是由一些很小很小的水珠组成的。这些水珠在温度升高时，就会上升，温度降低时，就会下降，但是它们的个头实在是太小了。空气能托住它们，所以它们根本掉不下来。如果云重到空气托不住的时候，就会变成雨落下来了。

彩绘版 十万个为什么

为什么有时看不到云彩?

云彩和大风是一对形影不离的好兄弟,大风往哪儿刮,云彩就会飘向哪儿。有时候温度也会来捣乱,假如温度在0摄氏度时,云彩里面的小水珠就会消失,所以我们就看不见云彩了。

怪脾气的大自然

为什么云有不同形状？

云彩是由小水珠组成，之所以会出现不同的形状，主要与水珠的冷热有关。假如水珠温度高，云彩的底部就会是平坦的；温度低，云彩的底部就是凹凸不平的。

彩绘版 十万个为什么

?为什么会出现火烧云？

白色的云彩飘在空中，就像棉花糖一样。有时候云却像被画笔染了色。比如火烧云，那是由于太阳公公快落山了，它的阳光倾斜照在云彩上，而云彩留下了阳光的红色波长，所以云彩看上去是红色的。

怪脾气的大自然

为什么看云能识天气?

天空上飘着的云啊,其实都是水。因为天空上的云就是由水汽凝结而成的,它们在天上飘啊飘啊,越汇聚越多,直到下起雨来。水珠的多少等情况使它们形成了好多不同的样子,所以有经验的人们就能够看云识天气啦!

彩绘版 十万个为什么

雾是怎样形成的？

早上起来，小明推开门，外面雾蒙蒙的，什么都看不清楚。小明很惊讶：这么大的雾是怎么来的呢？妈妈告诉他："其实，雾里都是一些小水珠。夜里温度低，那些小水珠就会聚在一起，变成一大片的雾气；太阳出来后，气温上升，小水珠会蒸发，雾就不见了。"

怪脾气的大自然

雾都伦敦为什么会出现"烟雾事件"?

小明看了《雾都孤儿》这本书，不明白伦敦为什么会出现"烟雾事件"。老师告诉他："那时候英国工业燃烧大量的煤，产生煤烟，这些煤烟是有毒气体。人们吸入了大量有毒气体，自然会感到胸闷气短，并伴有咳嗽、流泪等症状。这就是'烟雾事件'产生的原因。"

彩绘版 十万个为什么

彩色的雪是怎么回事？

白色的雪花飘扬，是不是很美啊？其实雪有时候还会有其他的颜色。雪花在形成的时候，那些飘在空中的单细胞植物、矿物粉尘等，会和雪花黏在一起。所以当这些雪花落在地上的时候，我们会发现它还有其他的颜色。

怪脾气的大自然

❓ 为什么会有闪电？

很多小朋友都会怕闪电，闪电真的是坏人变的吗？当然不是的，之所以会有闪电，是因为带正电荷的云朵和带负电荷的云朵、或带正电荷的云朵与带负电荷的大地相遇，正负电荷接触就会发出耀眼的白光，这就是我们看到的闪电了。

彩绘版 十万个为什么

为什么会打雷？

闪电和雷是好朋友，当闪电划过天空时，强电流会使周围空气的温度瞬间升高，闪电周围的空气在短时间内吸收了大量的热量，变得炽热无比。受热后的空气就会迅速膨胀，这样就会发出巨大的响声，这就是我们所听到的雷声。

为什么先看到闪电后听到雷声？

打雷就预示着快要下雨了，但是闪电会在雷之前通知我们赶快回家，不要被淋湿了。闪电和雷声都是同时发出的，为什么闪电会比雷声早一步呢？这是因为闪电以每秒30万千米的速度奔跑，声音每秒只能跑340米。所以我们都是先看见闪电，后听到雷声。

什么是雷阵雨？

刚刚在公园玩的小佳突然遇到雷阵雨，她很好奇，刚才还是很晴朗的天空，为什么会突然下雨呢？原来夏天很热，强烈的空气对流，使大量的湿热空气猛烈上升，形成积雨云。但是通常雷阵雨都不会持续很久。

怪脾气的大自然

❓ 夜雨是怎样形成的？

我国四川、云南、贵州等地有一种奇特的天气，就是常常在夜间下雨，白天则雨过天晴。这究竟是什么原因呢？因为夜间云层下部气温较高，上部温度较低，低层较暖的空气上升冷却，当到达一定程度后就会凝结成雨。

为什么说"春雨贵如油"?

我国北方地区,冬、春季节雨量稀少。到了春天农作物开始苏醒了,但是由于海洋来的暖空气势力不能到达黄河以北地区,冷暖气流多在长江以南地区交汇,导致主要的雨区在长江以南地区停留。而黄河以北地区下雨机会不多,雨量仍然很稀少。在北方下一场春雨是非常可喜的,因此就有了"春雨贵如油"的说法。

怪脾气的大自然

? 什么是干雨？

小朋友见到的雨都会落在地面上，可是有的雨却在半空中消失了，这是为什么呢？这是干雨，一般情况下这种干雨只发生在干旱地区，由于干旱地区大多远离海洋，四周又有高山，形成云的水汽不足，雨滴又细又小，还没落到地面就被蒸发掉了。

为什么雨滴总是斜着落下来？

小雨滴是云朵的乖宝宝，下雨的时候它们就会落到地面上来玩，云朵被风吹着移动，而落下的小雨滴受到惯性的作用，总是会向前多运动一段距离，所以我们看到的雨滴总是斜着。

怪脾气的大自然

为什么雨滴有大有小？

雨滴都是一样大小吗？生物老师告诉我们，如果云层很薄，云里的水汽不多，雨滴就会很小，相反如果云层比较厚，雨滴就会很大，又圆又大的雨滴会把弱小的植物打得低下头去。

彩绘版 十万个为什么

炎热的夏天会下冰雹?

为什么

冰雹只会在夏天发生。因为夏天的温度高,天上的那些小水珠本来都热得在流汗,假如这时有一股冷空气过来了,小水珠们会立刻聚合在一起,变成一个个很大的冰雹落下来。相反冬天温度低,小水珠们都习惯了低温,自然就不会变成讨厌的冰雹。

为什么天空会出现彩虹？

阵雨过后，雨水已经停了，太阳已经出来了，可是天空中仍然会密布着很多小水珠。这些小水珠就像一面面小镜子似的，能够折射太阳光，如此就形成了我们看到的彩虹。

？为什么
彩虹有7种颜色？

风雨过后，太阳公公笑得开了花，顿时天空中出现了彩虹，明明好奇地问妈妈："为什么彩虹是7种颜色呢？"妈妈告诉他："彩虹是气象中的一种光学现象。当阳光照射到半空中的水珠时，光线被折射，之后又被反射。因为太阳光的波长不同，小水珠的折射角度就不同，所以天空中就形成了七彩的光谱。"

怪脾气的大自然

有没有**环形彩虹**？

在雨后，我们通常只会见到半弧形的彩虹，其实自然界中还会出现环形彩虹。但是平时并不能看到环形彩虹，只有在高空中才能一睹它的风姿。环形彩虹晕圈的颜色一般是内红外紫，它的出现通常预示着将要下雨。

为什么北方夏天可以看到彩虹，冬天却看不到？

夏天空气潮湿，经常下雷阵雨，而且雨的范围很小，经常是这边下雨，那边还挂着太阳。当太阳照到这些水滴时就会发生折射，形成彩虹。但冬天天气寒冷，气候干燥，不会出现降雨，即使有也是下雪，降雪是不能出现彩虹的。

怪脾气的大自然

？为什么 人们能根据彩虹出现的方向预测未来天气？

俗话说:"东虹日出,西虹雨。"虹出现在东方,就表明东边大气存在雨。大气自西向东运动,东边的坏天气就会离我们越来越远。相反,如果是西边有彩虹出现,那么随着大气的运动,西边带雨的天气就会离我们越来越近,不久就会出现下雨的状况。

地震是怎样发生的？

小朋友，你知道吗？我们脚下的大地也是会移动的。不过不用过分担心，它只是在地下移动。假如大地移动得过快，或是在移动的过程中和其他的大地撞在了一起，就会发生可怕的地震。

为什么会发生火山喷发？

火山喷发是火山中的岩浆等喷出物在极短的时间内从火山口向地表强烈释放。由于岩浆中含大量可挥发成分，在极大的压力下，这些可挥发成分溶解在岩浆中无法溢出。当岩浆逐渐向上移动靠近地表时，压力变小，这些可挥发成分急剧喷发出来，形成了火山喷发。

火山爆发为什么会导致气候异常？

火山爆发是件很可怕的事情，火山会将自己含有的许多物质吹到大气中，比如有硫、火山灰等，这些物质进入大气，就会改变大气的环境，会下酸雨，甚至会出现高温或者引起其他气候变化。